医学科普漫画

跟着医生学育儿

组织编写	首都儿科研究所
主　　编	张金保　张　建
副 主 编	王　琳　池　杨
编　　委	（按姓氏笔画排序）

王　琳	王亚娟	王晓燕	曲　东	刘传合
池　杨	许　琪	吴　琼	邱　爽	余良萌
张　建	张延峰	张金保	胡　瑾	胡晓明
钟雪梅	高　莹	曹　玲		

编写秘书	郝　洁　刘赫晨
插图创作	棉签医学

人民卫生出版社
·北　京·

图书在版编目（CIP）数据

跟着医生学育儿 / 首都儿科研究所组织编写；张金保，张建主编. -- 北京：人民卫生出版社，2025. 4.
（医学科普漫画）. -- ISBN 978-7-117-37658-7

Ⅰ. TS976. 31-49

中国国家版本馆 CIP 数据核字第 20256MY541 号

人卫智网　www.ipmph.com　医学教育、学术、考试、健康，
　　　　　　　　　　　　　　购书智慧智能综合服务平台
人卫官网　www.pmph.com　人卫官方资讯发布平台

医学科普漫画：跟着医生学育儿
Yixue Kepu Manhua：Genzhe Yisheng Xue Yu'er

组织编写：首都儿科研究所
主　　编：张金保　张　建
出版发行：人民卫生出版社（中继线 010-59780011）
地　　址：北京市朝阳区潘家园南里 19 号
邮　　编：100021
E - mail：pmph @ pmph.com
购书热线：010-59787592　010-59787584　010-65264830
印　　刷：北京顶佳世纪印刷有限公司
经　　销：新华书店
开　　本：889×1194　1/32　印张：4.5
字　　数：83 千字
版　　次：2025 年 4 月第 1 版
印　　次：2025 年 5 月第 1 次印刷
标准书号：ISBN 978-7-117-37658-7
定　　价：59.90 元
打击盗版举报电话：010-59787491　E-mail：WQ @ pmph.com
质量问题联系电话：010-59787234　E-mail：zhiliang @ pmph.com
数字融合服务电话：4001118166　E-mail：zengzhi @ pmph.com

前 言

　　每一个新生命的降临，都是世界上最温柔的奇迹，当一个温馨的家庭迎来那个小小的身影时，每一位父母的心中都悄然种下了爱与责任的种子。如何科学、细致地呵护这初绽的生命之花，确保他们健康成长，往往成为新手父母最为关注，也最为迷茫的问题。

　　成立于1958年的首都儿科研究所，作为中华人民共和国第一家儿科医学研究机构，在医学基础研究、儿科疾病发病机制研究、儿童预防保健方面有着极高的权威性，从成立之初就形成了儿童保健和疾病诊治两个密切联系的研究和服务体系，在儿童营养、体格生长、智能发育及健康管理等方面制定了一系列指南和行业标准，为我国儿童健康管理事业发展提供了强有力的科学依据和技术支撑。

　　基于此，我们立足中国儿童的成长环境和生长规律，针对中国家庭常见的育儿问题，精心编写了这本《医学科普漫画：跟着医生学育儿》，旨在以轻松愉快的漫画形式，为新手父母打开一扇通往婴幼儿照护知识宝库的大门，让复杂的育儿难题变得直观易懂，让科学的育儿知识以更加精准、高效的方式传递。

在本书中，我们精心挑选了婴幼儿成长阶段最常见的照护话题，从日常护理的点点滴滴——是选择尿布还是纸尿布、出现意外如何急救，到喂养的科学指导——母乳该不该按时喂养、如何保证营养均衡摄入；从睡眠管理的艺术——培养良好的睡眠习惯、睡觉爱出汗怎么办，到常见疾病的预防与应对——如婴儿湿疹、发热、便秘、腹泻、过敏的处理……都以漫画形式情景再现，以最直观、最生动的方式将深奥的育儿知识转化为一个个温馨有趣的故事，让学习成为一场探索之旅。同时，我们还为每一篇漫画补充了文字说明，让新手父母在享受育儿乐趣的同时，也能为宝宝的健康成长提供有力支持。

愿这本凝聚着首儿人爱心与智慧的科普图书成为您育儿路上的良师益友，陪伴您和宝宝迎接每一个充满希望的明天。

首都儿科研究所

2025 年 3 月

我是豆豆，是个可爱的宝宝，全
家的"团宠"。

豆宝真棒！
再多爬一会儿！

这是我妈妈，她超级爱我，只不过面对我的各种
情况会有些手足无措。新手嘛，可以理解的……

妈妈
亲亲

终于哄睡着了，我赶紧耍会儿……

这是我爸爸，他也很爱我，但是在照顾我的
时候，还是会找机会"摸鱼"。

这是我奶奶，她照顾我的时候又细致又温柔，
可是育儿理念经常和妈妈不一致。

我大孙儿真让人省心！

这是我舅舅,是家里育儿矛盾的"润滑剂",别看他年纪不大,可对我特别上心,经常就各种育儿问题请教他的医生朋友。

故事,就从我们一家展开……

目　录

宝宝皮肤上长湿疹，
应该怎么办

纸尿裤和尿布，究
竟哪个更好

宝宝睡觉黑白颠
倒，应该怎么办

宝宝睡觉爱出汗，
应该怎么办

待产包里是否需要为宝宝准备枕头

都说生娃儿就像生了个吞金兽，其实，宝宝还待在娘肚子里的时候，就已经开始发挥强大的"碎钞"功能了。

快给宝宝满上！

不信，看看商家出售的各种待产包，哪个不像机器猫的口袋一样，只有想不到的，没有买不到的；再看看准妈妈在整个孕期的常规动作是什么呢？买买买。

小孩子才做选择，大人"全都要"！

全选☑

豆豆的妈妈也是其中一员。第一次做妈妈，总会有担心和顾虑，生怕没给"小神兽"的到来做足准备，待产包总是处于不断填充中。不过，有些用品真的没有必要买。

◎ 初生婴儿需要枕枕头吗

不需要！

过早枕枕头不利于婴儿保持呼吸道通畅。所以枕枕头这件事儿不能操之过急，更不能强迫宝宝枕枕头。当宝宝会独立坐时，家长才应该考虑他枕枕头的问题。

新生儿的脊柱不同于成人，成人的脊柱有四个弯曲，分别位于颈、胸、腰、骶部，而新生儿的脊柱没有弯曲。

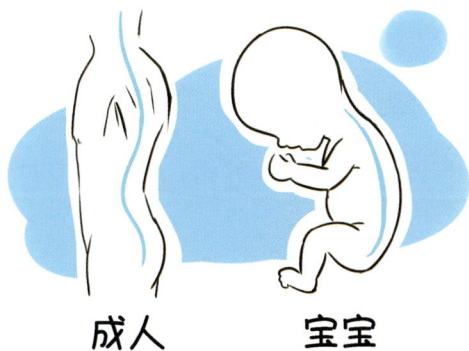

成人　　　　宝宝

当婴儿会趴着抬头时，颈曲才逐渐形成。

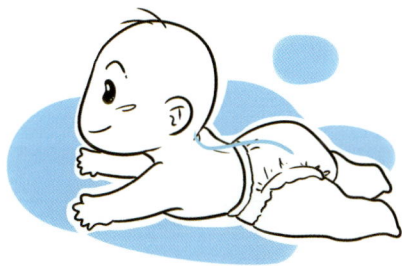

当婴儿会独立坐时，胸曲才逐渐形成。

宝宝此时枕枕头可保持仰卧时气道平直,有利于睡眠时呼吸平稳。

过早枕枕头反而会造成宝宝颈部过度前倾,不利于呼吸道通畅。

◎ 哪种情况下宝宝可以枕枕头

如果宝宝频繁出现枕着东西睡觉,如小被子、大人的胳膊、大人的枕头,这时可以引导宝宝接受枕头。至于何种枕头适合宝宝,可由宝宝自行决定,家长只是"推荐"而已。

为宝宝准备的枕头高度要适宜,以 2~3cm 为宜。对于喜欢趴着睡觉的宝宝,不需要强迫他枕枕头。

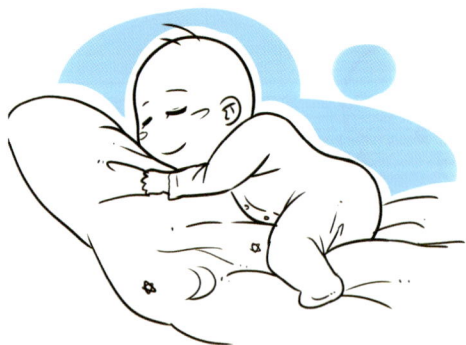

医学科普漫画 跟着医生学育儿

◎ 应该挑选什么样的枕芯

枕芯的卫生很关键。枕头的材质可以多种多样，但建议每 3～6 个月更换一次枕芯。婴儿容易出汗、溢奶和流口水，会使以粮食作物为主的枕芯（如以荞麦皮、小米、谷糠作为枕芯）发霉。

睡眠时，霉菌容易穿透枕套，刺激婴儿的呼吸道，引发咳嗽、流涕甚至咳喘。

咳！咳！臭！

清洗枕芯并不能彻底消除这些隐患。若枕芯是粮食作物，清洗后更容易发霉。建议家长经常清洗枕套、晒枕芯，每3～6个月更换一次枕芯，这样做才会更安心。

◎ 枕枕头如何避免睡偏头

如果宝宝两侧脸颊明显不对称，存在偏头，在注意睡姿的前提下，可以使用专业的矫形枕。同时，家长应密切关注宝宝是否存在斜颈等其他健康问题。

即使是头型对称的宝宝，也要尽可能采用多种睡姿(如仰卧、左右侧卧、俯卧)，预防偏头。

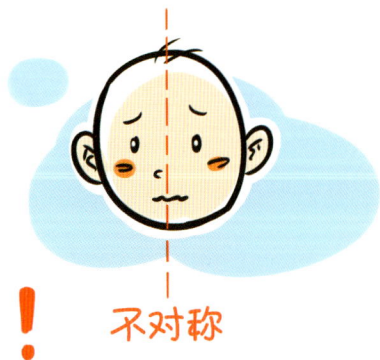

！不对称

待产包里应该准备什么

证件：身份证、医保卡等。

产检资料：提前把历次产检资料整理好，按照时间排序，统一带到医院。

银行卡：建议准备一张额度充足的银行卡，以备不时之需。

妈妈的用品：产褥垫、卫生巾、内裤、拖鞋、袜子、宽松的开衫式便服、洗漱用品、餐具、保温杯等。

宝宝的用品：新生儿衣服、尿布／纸尿裤和隔尿垫、包被、毛巾、奶瓶、奶嘴、婴儿洗护用品等。

新手妈妈没必要提前购买太多非必备用品，以免增加经济负担，还让那些无用的物品占用我们的生活空间，让投入变成亏损。

老婆你看！

撰稿专家

胡晓明

　　首都儿科研究所新生儿内科副主任医师。中国医师协会新生儿科医师分会循证医学专业委员会委员。

审核专家

王亚娟

　　首都儿科研究所新生儿内科主任，主任医师，教授，博士研究生导师。北京市科技新星、中华医学会围产医学分会委员。

母乳妈妈如何做到按需喂养

母乳究竟应该按时喂养，还是按需喂养？

大孙儿一直哭，是不是饿了？

还没到时间，不能喂！

◎ **母乳喂养有哪些好处**

母乳是婴儿最理想的食物，是人类进化过程中适应自然的产物，其营养之丰富是配方奶无法比拟的，堪称"金不换"喂养方式。

营养成分

母乳喂养对于宝宝的好处 如果说婴儿配方奶是"流水线"产品，那么母乳就相当于是妈妈专为自己宝宝"量身定制"的，提供 360° 全方位、无死角呵护。

我的尊贵只允许我喝"量身定制"

母乳成分会根据婴儿的营养需求进行动态调整，每次哺乳，乳汁都会根据婴儿的营养需要而发生动态变化。前奶量大且富含蛋白质和水分，营养丰富又能充分解渴；后奶脂肪较多，可缓解饥饿。

我是前奶，特点是"水大"！

我是后奶，特点是"顶饿"！

初乳中含有大量免疫活性物质，可保护新生儿避免感染，堪称"出生后的第一剂疫苗"。

我们的队伍很庞大！

母乳中的蛋白质容易被婴儿消化吸收，含有丰富的乳清蛋白，其中的抗感染蛋白可保护婴儿免于感染。

我有抗感染蛋白护体！

母乳会根据婴儿的生理特点（如足月或早产）和营养吸收能力发生变化，可以适应孩子不同时期的需要。

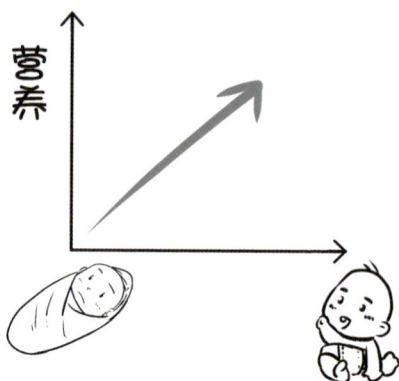

小贴士

世界卫生组织、联合国儿童基金会、中国营养学会及各国母婴健康相关权威组织都大力推荐纯母乳喂养至宝宝满 6 个月，且在添加辅食之后继续母乳喂养至宝宝 2 周岁及以上。

大力推荐，整口母乳！

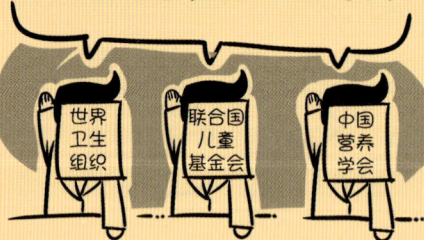

世界卫生组织 联合国儿童基金会 中国营养学会

母乳喂养可以降低儿童成年之后超重／肥胖和糖尿病患病风险，对降低慢性病患病率、促进儿童智力发育以及减少医药开支等方面都有积极作用。

我钢铁超人为什么这么强？
要知道我可是吃母乳长大的！

母乳喂养对于妈妈的好处　母乳喂养能促进妈妈的子宫恢复，减少产后出血，还能降低未来发生乳腺癌等疾病的概率。此外，母乳喂养会消耗更多热量，有助于新手妈妈产后身材的恢复。

母乳喂养有助于建立更加亲密的亲子关系　母乳喂养的宝宝，被妈妈拥抱在怀里，吮吸妈妈的乳头、感受妈妈的体温，亲子关系在母乳喂养中得到加强。

妈妈亲亲

◎ 母乳应该按需喂养，还是按时喂养

母乳应该按需喂养。妈妈应合理回应婴儿的进食需求，宝宝想吃就喂，没有必要限定母乳喂养的时间或间隔。

我可没有必要在这方面上岗！

婴儿生长发育迅速，需要摄入大量乳汁，必须通过较高频率的摄乳才能保证母乳量。宝宝吸吮越多，母乳分泌量就越多，这是保证母乳分泌量的关键。因此，按需哺乳是母乳喂养取得成功的关键之一。

小贴士

正常情况下，妈妈应该在宝宝出生后 1 小时内开始母乳喂养。妈妈可以将宝宝放在自己的胸前，宝宝会主动寻找妈妈的乳头，并将乳头及乳晕含在嘴里用力吸吮。

大部分新生儿需要频繁喂养，可以达到每天 8~12 次或更多。建立良好的母乳喂养关系，每天母乳喂养至少 8 次，妈妈才能持续产生足量乳汁。

≥8次

◎ 如何判断应该给宝宝喂奶了

当宝宝发出这些信号时，就在提示妈妈应该给他喂奶了。

> 轻度烦躁。

> 张开嘴巴，左右转头。

> 吐舌头。

> 吮吸手指或拳头。

温馨提示：当宝宝因饥饿而哭闹，是过度饥饿的表现，意味着此时已经错过了最佳喂养时机，宝宝不容易保持良好的姿势和有效含接，会造成母乳喂养困难。妈妈应该及时捕捉宝宝的进食信号，及时进行母乳哺养。

◎ 如何判断应该停止给宝宝喂奶了

➤ 宝宝把头转离妈妈的乳房。

➤ 宝宝不再吃奶而是开始玩耍或者睡觉。

只要能根据宝宝的进食信号按需哺乳，那么每一位妈妈都能成功实现母乳喂养。

◎ 哺乳前的准备

为了让宝宝吃得干净、卫生，很多妈妈在哺乳前都会清洁乳房，有些甚至会用类似香皂、专用消毒剂的物品。其实，大可不必这样，正常情况下妈妈在哺乳前无须刻意清洁乳房。妈妈乳房部位的细菌，有助于宝宝消化系统正常菌群的建立。

◎ 两侧乳房应该先喂哪一侧

刚开始哺乳时，要让宝宝吸两侧乳房，这样才能让两侧乳房获得同样的刺激。在顺序方面，如果前一次是先左后右，那么下一次则应该是先右后左，原因在于宝宝在饥饿时吸吮力更大，带给乳房的刺激也更大。每次哺乳的时候都调整哺乳的顺序，可以让两侧乳房获得相同的刺激，使它们的产乳量相当。

加油！

小贴士

很多母乳喂养的妈妈会存在乳头疼痛、乳汁不足或者过量的问题，其实这些问题往往和宝宝衔乳姿势不正确有关系。

正确的衔乳姿势，妈妈的乳头应该深入宝宝口腔的后部，宝宝吮吸挤压的部位应该是妈妈的乳晕，而非乳头。每次哺乳时，妈妈都不要着急，耐心等宝宝把嘴巴完全张开，帮助宝宝从下乳晕开始衔住乳头，重点是尽可能多地衔入乳晕。

撰稿专家

吴 琼

　　首都儿科研究所儿童早期综合发展研究室副研究员。中国妇幼健康研究会儿童早期发展专业委员会委员。

审核专家

张延峰

　　首都儿科研究所儿童早期综合发展研究室研究员。中国妇幼健康研究会儿童早期发展专业委员会委员、中国学生营养与健康促进会营养监测与评价分会第一届理事会常务理事。

宝宝吐奶应该怎么办

豆豆今天刚喝奶不过 5 分钟,就把喝下去的奶吐出来了。

呜噜噜

究竟是宝宝奶喝多了,还是宝宝肠胃不好?

◎ 什么是吐奶

吐奶,也叫"溢奶",是 3～4 月龄宝宝的常见现象。表现为宝宝吃完奶后不久或吃奶一段时间后从嘴中溢出或吐出少量乳汁,或者是打嗝带出一口奶。这种少量吐奶的情况家长不用过于担心。

嗝

◎ 宝宝为什么会吐奶

引起宝宝吐奶的原因主要分为两类，即生理性因素和病理性因素。

生理性因素

1. 宝宝的胃通常呈水平位，胃容量小，而且入口（贲门）较松。喝奶后胃内压力增高，容易引起奶液通过入口反流到食管，然后从嘴角流出。

2. 配方奶不如母乳容易消化，喝配方奶的宝宝比吃母乳的宝宝更容易吐奶。

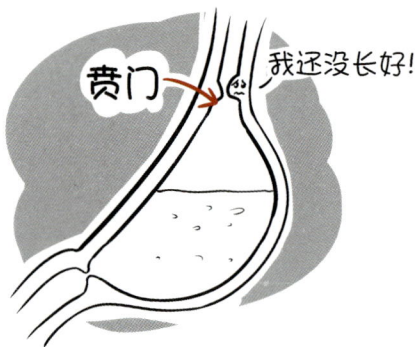

贲门 我还没长好！

病理性因素 某些疾病可以表现为宝宝大量吐奶，或同时存在其他异常。较大宝宝吐奶可能与感染、肠道疾病等有关。

◎ 如何防止宝宝吐奶

采用正确的喂养姿势 吃母乳时，应该帮助宝宝含住大部分乳晕；用奶瓶喂奶时，应该帮助宝宝含住奶嘴较宽的底部，并保持奶瓶倾斜 30°～45°，保证瓶内奶汁充满奶嘴，空气全部处于奶瓶底，防止宝宝在吸奶过程中吸入过多空气。

挤不进去啊

空气

150mL
120mL

我挤！

在宝宝清醒状态下喂奶 不喂"迷糊奶"，喂奶时妈妈应该坐着，抬高宝宝的上半身，斜抱着宝宝，或者让宝宝半坐着吃奶。

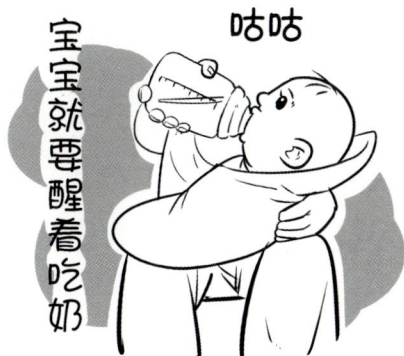

咕咕

宝宝就要醒着吃奶

喂完奶后不要急于放下宝宝 应该先竖抱宝宝一会儿，家长手掌呈空心样在宝宝后背，从胃所在的高度以下开始向上轻拍，让宝宝通过打嗝排出喝奶时吸入胃内的空气。家长可以根据宝宝的月龄选择拍嗝的姿势，以安全、舒适为首要选择。

小贴士

趴在肩上拍嗝

家长竖直抱起宝宝，宝宝的头靠在家长的肩膀部位。家长将一块干净的毛巾垫在宝宝嘴边，然后轻拍宝宝的背部。

趴在腿上拍嗝

让宝宝趴在家长的大腿上（注意宝宝的头部要高于腹部），家长用一只手扶住宝宝的肩颈，另一只手为宝宝轻轻拍嗝。

坐在腿上拍嗝

让宝宝侧坐在家长的大腿上，家长用一只手扶住宝宝的头部，另一只手为宝宝轻轻拍嗝。

拍嗝
很重要

喂奶后半小时内建议仰卧 对于吐奶次数较多的宝宝，建议喂奶后半小时内采取头高足低的仰卧位，可以将婴儿床的床头抬高15°～30°。

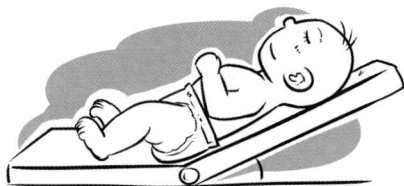

15°～30°

其他 应在宝宝喂奶前更换纸尿裤／尿布，避免进食后因体位变化导致吐奶。如果喂奶后需要更换纸尿裤／尿布，要注意让宝宝的小屁屁处于低位，肚子和小脚不要高于身体，以减少胃内压力。

刚喝饱奶就换……
我要吐奶啦！

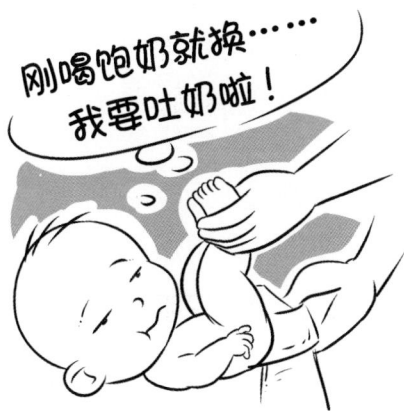

◎ 如何处理宝宝吐奶

如果宝宝平躺时吐奶了，应赶紧将宝宝的脸侧向一侧，以免吐出物呛入咽喉及气管。

宝儿，赶快把头转过来！

小贴士

为了减少吐奶的情况，家长要注意避免过度喂养。每次喂奶时应该关注宝宝的反应，喂奶量不宜过多，母乳应该按需喂养，配方奶则应按照建议的量和次数喂养。宝宝吐奶后，如果没有其他异常，则家长不必在意，随着年龄增长、发育成熟，吐奶的情况会逐渐改善。

宝宝除了吐奶，还伴有以下情况，应立即就医
恶心
呕血
误吸
呼吸暂停
生长迟缓
喂养或吞咽困难
姿态异常

总之，宝宝吐奶了，家长不应方寸大乱，而是应该细心寻找吐奶的原因。如果是生理性吐奶，就从喂养和护理方法入手，缓解宝宝吐奶的情况。如果家长担心是病理性吐奶，就需要及时带宝宝去医院进行检查和治疗。

撰稿及审核专家

王晓燕

　　首都儿科研究所临床营养中心主任，主任医师。中华医学会儿科学分会儿童保健学组委员、北京市健康科普专家。

宝宝皮肤上长湿疹，应该怎么办

　　宝宝皮肤上长湿疹，是让妈妈头痛的大问题。这不，豆妈看着豆豆因为红疹子而难受、哭闹，自己也跟着揪心不已。豆妈不禁疑惑："宝宝为什么会得湿疹呢？"

◎ 什么是湿疹

　　湿疹是一种慢性、复发性、瘙痒性、炎症性皮肤病。常与遗传因素有关，俗称"过敏体质"。

湿疹的发病机制与免疫紊乱和多种炎症介质有关，多在皮肤屏障功能受损的基础上发病。

◎ "痱子"和"湿疹"傻傻分不清

很多家长对于"痱子"和"湿疹"傻傻分不清，其实它们两个很好区分。

痱子	湿疹
出得快、去得快	出得慢、去得慢
红色点状。有白尖。无脱皮、结痂	表面粗糙。红色斑丘疹。有渗出和结痂、脱皮
多发生于额头、背部、胸部、腹部和皮肤褶皱处	全身"作案"
夏季高温、出汗时多发	干燥季节多发、过敏体质多发

◎ 宝宝为什么会得湿疹

多种因素可以引发湿疹，病因通常难以确定。可能与宝宝对部分食物、吸入物或接触物过敏有关，皮肤干燥时湿疹会加重。

宝宝对这个食物过敏呢……

部分湿疹的发生与遗传有关，父母一方为过敏体质者，往往宝宝的湿疹症状就会比较严重，更易反复。

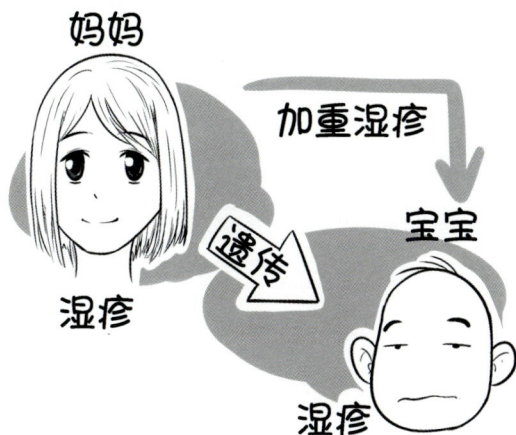

妈妈

加重湿疹

遗传

宝宝

湿疹

湿疹

还有部分湿疹是由于过度包裹、洗澡频次和方法不当等导致宝宝皮肤干燥，引发湿疹。

真是里三层外三层，又给宝宝盖一层……

◎ 宝宝得湿疹的症状有哪些

患有湿疹的宝宝起初皮肤发红、干燥，有时会出现一些小水疱，水疱破损后会流出水来。

如果湿疹反复发作，持续时间较长，宝宝的皮肤将变得粗糙、脱屑，抚摸宝宝的皮肤如同触摸砂纸一样。

遇热、遇湿都可使湿疹加重，大部分患儿的湿疹有"冬重夏轻"的特点，皮肤干燥时湿疹症状明显加重。寒假期间来医院皮肤科就诊的有近五成是湿疹患儿，3岁以内的婴幼儿尤其多。

◎ 还有哪些情况会引发皮疹

宝宝在病毒、细菌感染后也会出现皮疹，这类皮疹发病一般较急，常伴有发热、咽痛等上呼吸道感染症状，也可合并腹泻及食欲不振现象，出现这种情况，家长应带宝宝就诊于儿内科，对症治疗。

◎ 宝宝得了湿疹应该如何治疗

在湿疹的治疗上，通常以止痒、护肤为主，以改善生活质量为首要目的。

临床上，针对宝宝湿疹的治疗一般是外用药与口服药相结合。外用药首选糖皮质激素软膏，如地奈德乳膏、丁酸氢化可的松乳膏。对于慢性、反复发作的湿疹，也可配合使用非激素类药膏，如吡美莫司和他克莫司软膏，两者交替使用可有效减少不良反应。

许多家长对于激素的使用顾虑重重，既担心出现不良反应、又担心产生依赖性，其实只要认认真真听医生的话，科学、合理地使用药物，并根据病情及时调整，逐步减量，就非常安全。激素对于短期内控制湿疹病情是十分有效的。

合理用药

◎ 宝宝皮肤的日常护理应该注意哪些内容

皮肤保湿非常重要！许多家长误以为皮肤太湿了才会长湿疹，其实宝宝皮肤过于干燥才是湿疹的真正诱因。

建议为宝宝使用不容易过敏、作用温和的润肤霜，多次涂抹以达到滋润皮肤、帮助修复受损皮肤屏障功能的目的。洗澡时应减少或避免给宝宝使用沐浴露，洗完澡后应趁着宝宝皮肤还未完全干燥，及时为他涂抹润肤霜。

若在秋冬等干燥季节，可酌情增加每日润肤霜的使用次数，多次少量。涂抹润肤霜前，家长应先洗手，再把润肤霜涂在湿润的手中，之后将其涂抹在宝宝的皮肤上，这样做保湿效果会更好。

户外活动时，尤其是在秋冬季，要避免冷风直接吹在宝宝的皮肤上，外出前可以为宝宝多涂一些润肤霜。同时，要帮助宝宝养成良好的睡眠和饮食习惯。

选择合适的贴身衣物对于湿疹的预防和缓解很重要。宝宝的贴身衣物应尽量选择柔软、宽松、透气的纯棉织物，不管是在室内还是在室外，都不要将宝宝包裹得太紧，避免宝宝因过度出汗而使湿疹加重。

对于起痱子的宝宝，最重要的是保持皮肤干爽，一定要保证宝宝生活环境凉爽，痱子是热出来的。对于起湿疹的宝宝，则要加强皮肤保湿。

痱子　　　　　湿疹

小贴士

1. 如果宝宝的湿疹症状特别严重，认真保湿护理后没有任何好转甚至加重，应该及时就医。

2. 如果在湿疹部位出现流黄水、局部明显红肿、疼痛或者宝宝出现发热、食欲不振、精神萎靡等症状，应该及时就医。

◎ 宝宝得湿疹了，要忌口吗

在未明确发病原因的情况下，没有必要盲目忌口，这也不吃，那也不吃，会影响宝宝生长发育，得不偿失。

为湿疹宝宝添加辅食时，建议逐一添加，在添加一种辅食后，要从少量慢慢过渡到大量，观察四五天，如果宝宝没有不适，再添加下一种。

4~5天

若宝宝吃了某种食物湿疹明显加重，可以先把它停掉，隔两个月再试一下，要是情况依旧，那么，宝宝暂时就不能再吃这种食物了。等宝宝大一些再试吃，要是没有不适，就可以正常食用。

两个月间隔哦

撰稿专家

胡 瑾

首都儿科研究所皮肤一科主任医师。北京医学会皮肤性病学分会委员、中华医学会儿科学分会儿童皮肤病学组委员。

审核专家

高 莹

首都儿科研究所皮肤一科主任，主任医师。中华医学会皮肤性病学分会儿童皮肤病学组委员，中国妇幼保健协会儿童变态反应专业委员会副主任委员。

纸尿裤和尿布，究竟哪个更好

都说孩子一出生，就像点燃了"家庭大战"的导火索，这话一点儿不假。自打豆豆出生后，豆妈和豆奶之间，时不时就要发生一场没有硝烟的"战争"。

二"家庭大战"

今天又是如此，双方争论的焦点是"给宝宝用尿布好，还是用纸尿裤好？"

用尿布好，透气、绵软，还经济实惠！

纸尿裤方便、卫生，更省事！

这场新旧观念之间的较量最终没有达成统一意见……

姐、阿姨，别争了，我有办法。

其实，尿布和纸尿裤，各有利弊！只要搞清楚它们的优缺点，矛盾自会迎刃而解。

各！有！利！弊！

尿布和纸尿裤的优点与缺点如下。

◎ 尿布的优点

1. 尿布亲肤，透气性好，吸水性强。平时使用，宝宝就像用了一个棉质的内裤，很舒服。一旦尿湿了，宝宝就会哭泣，向妈妈传递信息，及时更换。

2. 低价、环保。很多家庭用家人穿过的棉质衣物消毒后当做尿布，不会产生额外的费用，还能清洗后反复使用，很环保。

◎ 尿布的缺点

1. 尿布可以反复使用，所以需要反复清洗，有时还需要消毒。清洗、晾晒、整理，一项"工序"都不能少，费时费力，可说是一个大工程。遇到阴雨天，尿布如果没有干透，还有可能滋生细菌。

屋漏偏逢连夜雨

2. 尿布会经常打湿宝宝的衣裤和床褥，很麻烦。所以，建议在使用尿布时搭配隔尿垫。

透心凉

3. 为了避免宝宝的小屁屁被淹，爸爸妈妈必须勤换尿布。不仅大人累得不得了，夜里宝宝被频繁换尿布打扰了睡眠，也会影响到他的生长发育。

五号也尿湿了，我们要一个个跟紧啦！

◎ 纸尿裤的优点

1. 对于工作忙碌的爸爸妈妈来说，使用纸尿裤能够节省很多精力，把时间更多地用在与宝宝的交流上，同时保证大人和孩子都能获得更好的睡眠。

宝宝安睡一整晚！

2. 纸尿裤吸水性强，宝宝的小屁屁可以时刻保持干爽。

看我表演暴风吸入！

3. 纸尿裤用过就可以扔掉旧的，更换新的，不用担心天气的影响。

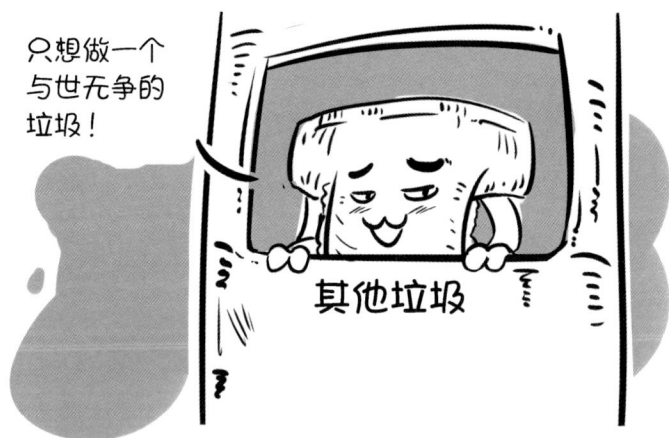

只想做一个与世无争的垃圾！

其他垃圾

◎ 纸尿裤的缺点

1. 有些纸尿裤存在质量问题，如透气性差或者材质不够柔软，都有可能损伤宝宝的小屁屁。

今天来伤害这个屁屁！

2. 由于宝宝的纸尿裤使用量非常大，会对环境造成一定影响，不环保，而且费钱。

钞票粉碎机

如何挑选纸尿裤

挑选要点	挑选说明
尺寸合适	应根据宝宝的月龄及体重挑选，太小的纸尿裤，容易有勒痕，造成皮肤损伤；太大的纸尿裤，排泄物容易侧漏
干爽、不起坨、不断层	用纸巾去蘸尿过的纸尿裤，如果纸巾仍然是干燥的，说明尿液不会反渗，则不会刺激皮肤，且尿过的部分不起坨、不断层
正规品牌	应选择正规厂家生产的、质量可靠的产品，购买前应查看商标和说明书，避免买到假货

◎ **更换尿片时的注意事项**

　　学会看纸尿裤的指示线　纸尿裤外面有一条指示线，会在被尿湿以后改变颜色，家长应通过观察指示线的变化为宝宝更换纸尿裤。这里要提醒一下年轻的家长，当由老人带宝宝时，一定要教会老人如何观察指示线及更换纸尿裤。一般情况下，更换纸尿裤的适当间隔为 2~3 小时，每天换 10 次左右，也可以根据实际情况随时更换。

黄线变蓝线了，可以换啦！

注意腰部和腿部的松紧，避免渗漏 纸尿裤的松紧程度以宝宝的腰部能竖放家长一根手指，腿部能平放家长一根手指为宜。

过于松的后果……

及时更换尿片 家长要注意，穿上尿片并不是一劳永逸。勤更换，尤其是大便后要立即更换尿片，才能保持小屁屁干爽！常有家长长时间不给宝宝换尿片，造成了"红屁股"，甚至出现尿布疹。如果家长无法判断尿片是否湿了或脏了，可以在下面几种情况下多留意：喂奶前后、睡觉前后、大便之后、宝宝一觉醒来后和带宝宝外出前。

准备阶段 家长应该选择一处安全、平坦、舒适的地方，为宝宝换纸尿裤前应该洗净双手，并将所有可能用到的物品准备好，包括 1 个干净的尿片、1 张隔尿垫、擦屁屁的纸巾（建议在换尿片前用温水清洗宝宝的小屁屁而不是仅用纸巾擦拭）。

更换阶段 换尿片的过程中应确保宝宝不会跌落到地上。打开并稳住宝宝的双腿，将脏尿片取出，用温水清洗宝宝的小屁屁，之后更换干净的尿片。对于男宝宝，要保证他的阴茎朝向下方，这样可以防止尿液溢出尿片外。

宜在喂奶和喂水之间换尿片 避免喂奶或者喂水后立即换尿片，以免引起宝宝呕吐。

其他 换尿片时动作要轻柔，不要将宝宝的腿抬得过高。天气凉时，不要让宝宝长时间光着身体暴露在室温环境。

说好的轻柔呢？

◎ 如何预防尿布疹

尿布疹常发生于宝宝肛门周围、臀部及会阴部，甚至可蔓延到大腿内侧。

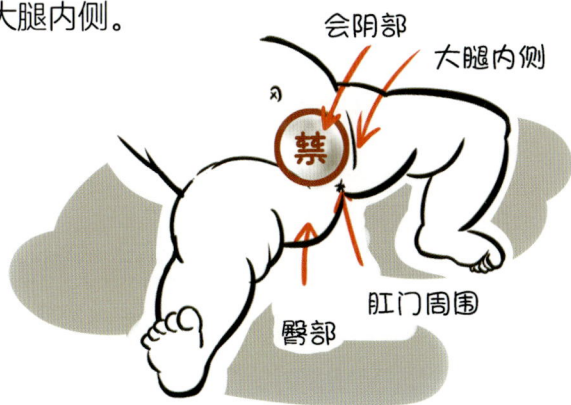

会阴部

大腿内侧

禁

肛门周围

臀部

尿布疹初期，宝宝的患病部位发红，继而出现红点，直至出现鲜红色红斑，会阴部红肿，红斑慢慢融合成片。严重时会出现丘疹、水疱，甚至糜烂，如果合并细菌感染则会产生脓疱。

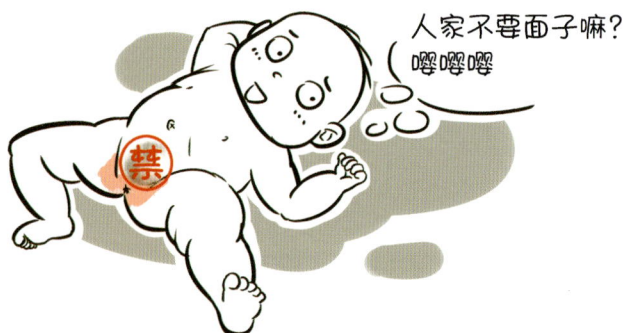

预防尿布疹需要做到以下5点。

1. 传统尿布宜选用质地柔软、吸水性强、透气性好、纯白色或浅色棉质衣物制作。

2. 传统尿布必须漂洗干净后才可使用，尤其是洗涤剂一定要清洗干净，要经常消毒、曝晒。

3. 一定要及时更换尿片。

4. 不要在尿布下加用橡胶布或塑料布，以免宝宝臀部长期处于湿热状态。

5. 如果宝宝大便次数较多，除了用清水冲洗干净，还要在医生的指导下涂沫预防尿布疹的药膏。

如果发现宝宝的小屁屁有轻微发红，应及时涂抹护臀膏。为宝宝清洗小屁屁后，要及时擦干水分，让小屁屁在空气中(最好是阳光下)晾一下。如果尿布疹经过上述处理无效，原来发红的皮肤上出现水疱，或者宝宝出现发热、哭闹等其他表现，建议及时就医。

◎ 宝宝应该什么时候戒掉尿片

一般来说，宝宝在 2 岁左右戒掉尿片最合适。因为这个时候宝宝的膀胱成熟了，且认知能力也得到了提高，此时家长若是可以进行有效的指导，宝宝自主如厕的概率就会增加，更容易戒掉尿片。

孩子大了，该训练宝宝自己上厕所了。

我正好可以退休了！

撰稿专家

胡晓明

　　首都儿科研究所新生儿内科副主任医师。中国医师协会新生儿科医师分会循证医学专业委员会委员。

审核专家

王亚娟

　　首都儿科研究所新生儿内科主任，主任医师，教授，博士研究生导师。北京市科技新星、中华医学会围产医学分会委员。

宝宝睡觉黑白颠倒，应该怎么办

我大孙儿真让人省心！

小时候的豆豆是个天使宝宝，除了吃就是睡，不知道有多省心。

但是逐渐长大的豆豆这几天却突然变成了"夜猫子"，白天睡觉，晚上玩耍，豆爸、豆妈被折腾得天天挂着黑眼圈。

豆宝哭了，你快去看看！

面对一个"黑白颠倒"的宝宝，应该怎么办？

◎ 宝宝睡觉为什么会黑白颠倒

生物钟尚未建立 宝宝出生前住在妈妈的肚子里，过着不分昼夜的生活。出生后，由于宝宝睡眠的昼夜节律尚未完全建立，故分不清白天和黑夜实属正常。

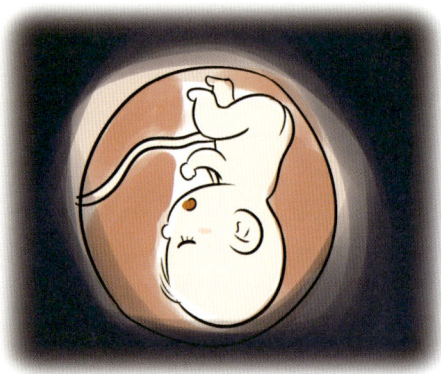

安全感缺失 宝宝从母体一下子来到人间，周围环境发生巨大变化，导致安全感严重缺失，于是出现了黑白颠倒的情况。

睡眠时间不合理 家长没有为宝宝合理安排睡眠时间，导致宝宝白天睡得太多，晚上精神抖擞。

终于哦睡着了，我赶紧耍会儿

◎ 宝宝睡觉黑白颠倒有危害吗

　　睡眠是宝宝最天然的成长要素，睡眠不足不仅会影响宝宝身体正常发育，减少生长激素的分泌，使得宝宝长不高，还容易使宝宝形成不稳定的性格。

我睡不好的时候
也会发睥气

◎ 宝宝睡眠有哪些特点

➤ 在刚出生的几周，宝宝每日睡眠时间为 14～20 小时，每 2～3 小时会醒来一次，此时需要哺乳或者互动。

➤ 在刚开始的几个月，宝宝夜间可能频繁醒来，需要喂夜奶。

➤ 宝宝会在 4 个月左右慢慢开始形成昼夜节律。这时晚上如果宝宝未醒，则不要叫醒他喂奶。

◎ 如何让宝宝黑白颠倒的睡眠恢复正常

宝宝的睡眠是一个逐渐发展的过程，3 月龄前的宝宝睡眠昼夜节律尚未建立，容易不分昼夜，但从 3～4 月龄开始，宝宝逐渐发展出昼夜节律，能够分清白天和黑夜。

白天　　黑夜　　3月龄

想要调整宝宝的作息时间，应从 3～4 月龄开始。

帮宝宝区分昼夜 白天房间里保持光亮，让宝宝接触阳光；到了夜晚，卧室灯光调暗，促进褪黑素分泌，增加宝宝的困意。宝宝需要安静的入睡环境，可以开小台灯或小夜灯，当宝宝睡着后要将其关闭，保持室内黑暗。

培养良好的作息习惯 白天不要让宝宝睡太久，可以陪他多玩一会儿，试着限制白天的睡觉时间不要超过 3 个小时。下午五六点后到晚上睡觉前，尽量不要让宝宝睡觉。

白天适当增加运动量，消耗宝宝旺盛的精力；到了晚上要少活动，睡前更不能过度嬉戏，免得宝宝太兴奋而影响入眠。

豆宝真棒 再多爬会儿

洗白白 睡香香

加强睡眠暗示 每次睡觉前都做相同的事情，然后把宝宝放上床睡觉。例如先洗澡，然后喂奶、换尿片。每天都这么做，会对宝宝形成暗示：洗澡、喝奶后我该睡觉啦。

夜里不要频繁喂奶、换尿片 3月龄后，可以开始培养宝宝规律的睡眠和喂养习惯，逐渐戒掉夜奶，晚上尽量使用纸尿裤，避免打扰宝宝的睡眠。

如果妈妈在夜里跟白天一样给宝宝喂奶、换尿片，那么宝宝就更不知道该什么时间睡觉了。

换尿布？ 是不是该起床了？

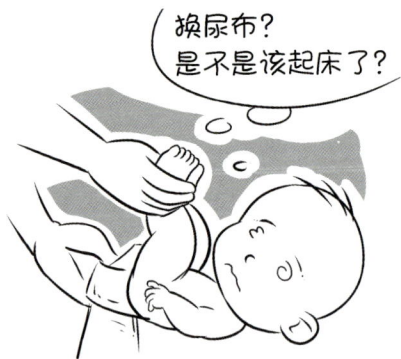

最后要提醒大家，宝宝睡觉前哄的时间不能太长，有睡意时应直接将宝宝放在床上，不要抱着哄睡。睡前播放轻柔的音乐，如滴答滴答的雨声或古典音乐，能帮助宝宝更快进入香甜的梦乡。

小贴士

以下情况的出现，往往提示宝宝困了：对玩具或者家长的互动失去兴趣、动作迟缓、打哈欠、揉眼睛、哭闹。

撰稿专家

许 琪

首都儿科研究所儿童保健中心主治医师。中华志愿者协会中西医结合专家志愿者委员会儿内科专业组青年委员、北京中西医结合学会儿童保健专业委员会青年委员。

审核专家

王 琳

首都儿科研究所儿童保健中心执行主任，主任医师，教授，博士研究生导师。中国妇幼保健协会儿童早期发展专业委员会主任委员、中华预防医学会儿童保健分会副主任委员。

宝宝睡觉爱出汗，应该怎么办

豆豆睡觉总是爱出汗，像睡在蒸笼里一样，一个晚上经常会汗湿好几件衣服……

小孩出汗多正常！

宝宝睡觉爱出汗，是正常的生理现象，还是生病的表现呢？

◎ 生理性出汗不要慌

　　宝宝生理性出汗与自身汗腺发达有关，也受周围环境因素的影响，其出汗部位多见于头部和颈部，且出汗量不多。生理性出汗的主要原因如下。

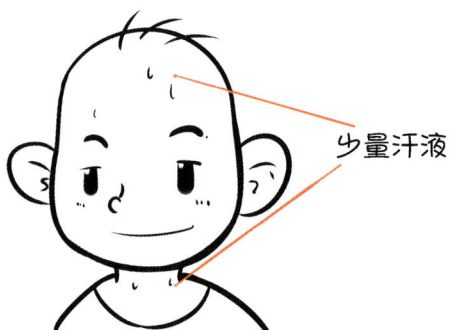

少量汗液

　　捂得太多　家长常按照自己的冷暖感受来判断宝宝的冷暖，总是喜欢多给宝宝盖一层被，把宝宝捂得严严实实才放心。

有一种冷叫"爸妈觉得你冷"！

运动量大 有些活泼好动的宝宝经过白天的大量运动,产生很多热量,然而机体又没有能力散热,于是热量就会积聚在体内,使得宝宝夜间体温甚至能够达到 38℃ 左右,大量出汗。

新陈代谢旺盛 婴幼儿期宝宝的新陈代谢旺盛,再加上宝宝活泼好动,经常晚上上床准备睡觉了还要折腾半天,导致入睡后头部出汗。

睡什么睡!
我要嗨!

吃了高热量食物 如果宝宝在入睡前喝了牛奶或是吃过巧克力，那么在入睡后机体会产生很多热量，于是皮肤要通过大量出汗来散热。

天气太热 在天气闷热的夏季，如果卧室通风不好，很容易导致宝宝睡觉时出汗。

室温
32℃

生理性出汗是正常的，爸爸妈妈不要惊慌，根据实际情况给宝宝穿少点儿，或者适当降低室温就好。随着宝宝一天天长大，睡觉爱出汗的情况会越来越少。

天这么热，不开我，是留着过年吗？

◎ 病理性出汗要警惕

1. 如果宝宝在安静状态下大量出汗，此时家长要注意，这种情况很可能是病理性出汗。病理性出汗持续时间长，可伴随整个睡眠过程。宝宝全身大汗淋漓，多有伴随症状，如骨骼改变、枕秃。

汗湿了整个童年……

汗水

如果是这种情况，要在医生的指导下及时给宝宝补充维生素D和钙，病情改善了，宝宝自然就不会再出现病理性出汗了。

2. 如果宝宝除了前半夜出汗，后半夜和天亮前仍然出汗，白天还有低热、面颊潮红、食欲减退、疲倦无力等症状，要当心结核病的可能性。

天亮了……

如果是这种情况，家长要及时带宝宝去医院做相关检查，进行妥善治疗。

3. 除了睡觉爱出汗，如果宝宝吃得多，体重却增长缓慢，甚至出现体重下降，睡眠时间减少、精神亢奋、眼睛很大或者眼球突出、心跳快、易怒，要当心甲状腺功能亢进的可能性。

如果是这种情况，家长要及时带宝宝去医院做甲状腺彩超及甲状腺功能检查。

4. 如果宝宝出汗多，同时还伴有面色发黄或者发白，眼睑、口唇颜色发白，平时也不好好吃饭，有可能是贫血。

如果是这种情况，家长要及时带宝宝去医院完善血常规检查。

5. 如果宝宝出汗多、反复发生呼吸道感染、生长缓慢，有可能是免疫缺陷或者免疫力较低。

如果是这种情况，家长要及时带宝宝去医院完善免疫相关检查。

◎ 宝宝出汗多，应该如何护理

及时擦汗 宝宝皮肤娇嫩，过多的汗液容易使皮肤长痱子，甚至引发皮肤感染。家长要及时用干燥、柔软的毛巾擦干宝宝身上的汗水，为他换上干爽、洁净的衣裤。

擦擦擦

衣物"减负" 家长应根据环境温度及时为宝宝调整衣、被的厚度。如果宝宝出汗过多，应检查宝宝穿的衣服是否过多、是否透气，盖的被子是否过厚。

补充水分 大量出汗不仅损失水分，还会流失一定量的钠、氯、钾等电解质。所以，可以给宝宝适量地喝点儿口服补液盐溶液，补充水分及电解质，避免脱水。

豆宝爱吃鱼

补充含锌食物 大量出汗会使锌丢失过多，婴幼儿生长发育离不开锌，所以家长要注意为宝宝补充富含锌的食物，如瘦肉、鱼虾及动物内脏。

保持适当室温 对于新生儿，室温以 22～24℃为宜，相对湿度以 55%～65% 为宜。对于婴幼儿，室温以 20～22℃为宜，相对湿度以 55%～65% 为宜。对于年长儿，室温以 18～20℃为宜，相对湿度以 50%～60% 为宜。家长应坚持每天定时为宝宝的房间通风换气，以保证室内空气新鲜。

是时候展现我真正的实力了！

26℃

撰稿专家

许 琪

首都儿科研究所儿童保健中心主治医师。中华志愿者协会中西医结合专家志愿者委员会儿内科专业组青年委员、北京中西医结合学会儿童保健专业委员会青年委员。

审核专家

王 琳

首都儿科研究所儿童保健中心执行主任，主任医师，教授，博士研究生导师。中国妇幼保健协会儿童早期发展专业委员会主任委员、中华预防医学会儿童保健分会副主任委员。

面对宝宝发热，应该如何应对

平时爱笑爱闹的豆豆，今天却异常地蔫儿，这引起了豆妈的注意……

发热几乎是每个宝宝成长的"必修课"，一旦自家孩子发热，家长就会变得手忙脚乱。

◎ 体温达到多少度才算发热

　　根据体温，发热可以分为 4 个等级。当宝宝腋下温度>37.2℃，就属于发热了。但是体温的高低并不完全代表疾病的严重程度，宝宝的精神状态比体温更能准确反映病情轻重。

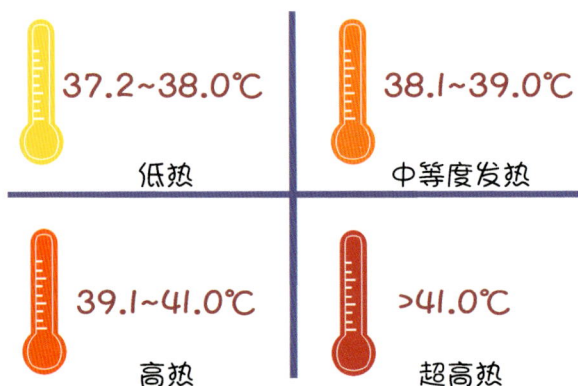

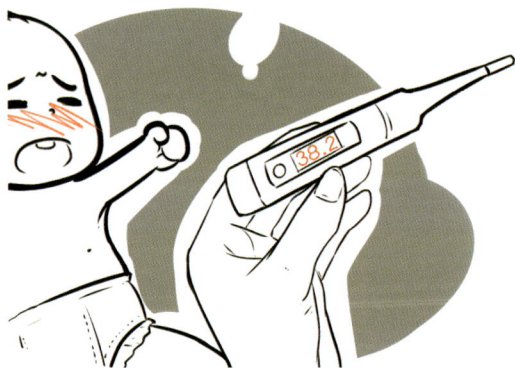

37.2~38.0℃

低热

38.1~39.0℃

中等度发热

39.1~41.0℃

高热

>41.0℃

超高热

◎ 为什么会发热

发热是一种婴幼儿时期的常见症状，人体内有一整套体温调节系统，使人体体温保持在一定范围内。

由于种种原因，当致热原作用于体温调节中枢或体温调节中枢本身功能发生紊乱时，产热大于散热，体温就会超出正常范围。

小贴士

正常情况下，宝宝的体温并非一成不变。在吃奶或者运动后，体温可能略微升高，休息后体温则会下降。所以体温偶尔超出正常范围，但宝宝精神状态良好，则不能立即判断为发热，应该让宝宝休息一会儿后再次测量体温。

发热持续时间过长或体温过高，可使体内各器官功能受损，高热还会引起惊厥，所以在宝宝发热时，家长必须对其进行科学的护理。

小贴士

宝宝发生热性惊厥，应该进行以下紧急处理。

1. 使宝宝平躺于地面或平坦的床上，移开周围危险、尖锐的物品。

2. 将宝宝的头偏向一侧，方便将其口中分泌物或呕吐物清理干净。

3. 松开宝宝的衣领，保持呼吸道通畅。

4. 不要在宝宝口中放置任何物品，以防误吸。

5. 如果惊厥时间超过 5 分钟，或者出现其他家长无法判断的情况，应该及时拨打 120 急救电话，或者带宝宝去医院儿科就诊，排除其他疾病的可能性。

◎ 宝宝发热时应该如何护理

方法一：使用退热药 体温>38.5℃，可遵医嘱口服退热药。

啊

服药后，过 1 小时再次测量体温，若体温仍然较高，至少要间隔 4～6 小时才能再次服用退热药。

至少间隔
4~6小时

每次只服用一种退热药，不要同时或在短时间内服用多种退热药，以免药物过量引发的不良反应，或因出汗过多导致宝宝脱水。此外，不要频繁服用同一种退热药，一般两次服药的间隔时间最好不少于 4～6 小时（或按照药品说明书服用）。热退时常伴有大量出汗，要及时为宝宝擦汗并帮其换下湿衣服，防止宝宝受凉。在大量出汗的情况下，应及时为宝宝补充水分。

喝！喝！喝！

方法二：物理降温 若用了退热药，降温效果仍不理想，可以做额部冷敷或温水擦浴。温水擦浴时用力要均匀，不可用力过大，可配合轻柔地按摩以促进血管扩张，加强降温效果。

腋窝
腹股沟
膝盖后

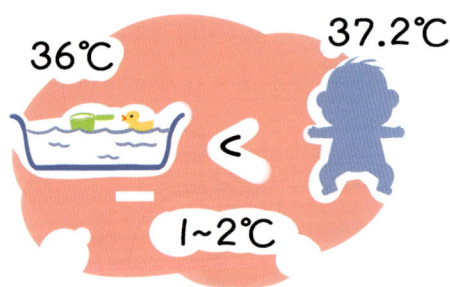

36℃
37.2℃
<
1~2℃

温水擦浴时，洗澡水的温度最好比体温低1~2℃。宝宝如果出现畏寒、寒战，则不宜采用这些物理降温方法。

酒精可经皮肤和呼吸道吸收并引起中毒，所以宝宝发热时千万不要在皮肤上涂抹酒精、白酒等来帮助退热。同时，不建议给无法清楚表达自身感受的宝宝使用冰袋降温，以防冻伤。

◎ 护理发热宝宝时的注意事项

休息 卧床休息可以减少能量消耗，减少肌肉活动和热量的产生。宝宝发热时，应让他多休息。

休息

喝水 发热时体内水分流失快，要及时补充温开水或淡盐水。多喝水还可促进排尿，有利于降温和排出毒素。

吃饭 发热的宝宝消耗大，同时胃肠道消化能力又差，因此食物应有营养、易消化，少量多餐。

通风 居室空气要流通，夏季最好让室温降低一些，这样有利于宝宝降温。

观察病情 如果宝宝精神萎靡、面色苍白，或出现频繁呕吐、腹泻或头痛等情况，要及时就医，以免延误病情。

精神萎靡

面色苍白

频繁呕吐

及时就医

频繁腹泻

频繁头痛

撰稿及审核专家

曹 玲

　　首都儿科研究所呼吸内科首席专家，主任医师，教授，硕士研究生导师。中华医学会儿科学分会呼吸学组委员、中华医学会儿科学分会呼吸治疗协作组组长。

面对宝宝便秘，应该如何应对

　　最近一段时间，这种对话频频出现在豆妈和豆奶之间。

豆豆已经几天没有拉臭臭了，是不是便秘了啊？

这么个小娃儿，怎么会便秘，肯定是在"攒肚"。

如何辨别"攒肚"与便秘呢？

◎ 什么是"攒肚"

"攒肚"是一种民间说法,是指宝宝排便规律的改变。一般在 2～3 月龄时,宝宝的排便次数会由原来的一天排 2～6 次改变为两三天排一次,甚至 7 天排一次。

豆宝三天没拉臭臭了,好担心啊……

在此期间,宝宝进食、睡眠正常,无明显哭闹,体重增长也正常,便便的形态是正常的稀糊状。

便便不干很正常

小贴士

胎便　新生儿出生 24 小时内开始排胎便。胎便呈黑绿、墨绿或深绿色，黏稠、无臭。通常在出生 2~3 日后胎便将排尽，转为正常婴儿的大便。

纯母乳喂养宝宝的大便　呈黄色或金黄色，均匀膏状或带少许黄色颗粒，无臭。纯母乳喂养宝宝可以每日排便数次，也可以几天才排便 1 次。

人工喂养宝宝的大便　呈淡黄色或灰黄色，较干稠，有臭味。人工喂养宝宝可以每日排便 1~2 次。

添加辅食后的大便　更加成形，排便次数逐渐减少，1 岁后减为每日 1 次左右，臭味加重，最初常有未消化的食物成分随大便排出。

◎ 什么是小儿便秘

小儿便秘是儿科常见的胃肠道疾病，通常指1周之内排便次数小于两次，或者虽然每天有一次排便，但是便便干燥、坚硬，秘结不通，宝宝排便费力，甚至有便意而排不出。

90%以上宝宝的便秘属于功能性便秘，可能由饮食因素、肠道功能失常、精神因素引起。功能性便秘常发生在三个时期，即婴儿期、幼儿期以及上学期。

婴儿期 奶粉喂养以及添加的辅食不合理，容易发生便秘。部分家长出于各种原因，会在配方奶建议的奶粉和水的搭配比例上多加或者少加奶粉，这两种做法都是不合适的。

时机、比例不合理

幼儿期 如果食用过于精细的食物，膳食纤维摄入较少，或者没有养成良好的排便习惯，如站着排便，都容易导致便秘。

我想憋回家再拉……

上学期 如果宝宝功课比较繁忙或者不喜欢去公共卫生间、排便没有规律，长此以往就会引发便秘。

◎ 如何判断宝宝是"攒肚"还是便秘

"攒肚"的宝宝通常具有以下表现。

1. 排便的时候很轻松，没有任何困难。

2. 便便的外观为金黄色长条状，没有结块（母乳喂养的宝宝便便可能偏稀）。

不酸才是好便便

3. 便便没有酸臭味。

食欲好、精神佳

4. 宝宝精神状态好、食欲好。

便秘的宝宝通常具有以下表现。

1. 排便次数比平时少。

2. 排便时特别费力。

3. 便便坚硬或比平时粗，
有些呈羊粪蛋状，
一粒一粒的，很硬。

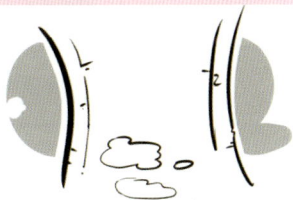

4. 大便失禁，
内裤上会有便便残渣
或肠液。

5. 排便时感到疼痛，
有时便后滴血。

6. 感觉快要排便时
不肯去卫生间，
害怕并躲起来。

不想去
卫生间……

如果宝宝出现了上面这些表现，就可以认为发生了
便秘，需要及时就医。

另外，爸爸妈妈可以按照"布里斯托大便分类法"来
判断宝宝的便便是否正常。

布里斯托大便分类法

坚果一样的便便		硬邦邦的小豆豆	**便秘**
干硬状便便		比较硬，多个黏在一起	
有褶皱的便便		表面布满裂痕，像香肠	
软香蕉状的便便		柔软，表面光滑，像剥皮的香蕉	**正常**
软便便		柔软的半固体，小块，边缘不平滑	
略有形状的便便		像粥一样，没有固定的外形	
水状的便便		字面意思，便便如水状	**腹泻**

◎ 宝宝便秘怎么办

轻者在家调节，重者就医处理！如果宝宝便秘不严重，推荐以下这些小妙招以改善宝宝的便秘症状。

1. 吃更多富含膳食纤维的食物，如菠菜、韭菜、胡萝卜、茄子、高粱米、玉米、梨、桃、香蕉和豆类。

2．2 岁以上的儿童，每日至少喝 900mL 水和除牛奶以外的液体，如西梅汁、苹果汁或梨汁。

两岁以上儿童
900mL

减少摄入

3．减少牛奶、酸奶、乳酪和冰激凌的摄入。

4．餐后让宝宝坐在坐便器上 5～10 分钟，如果宝宝能够配合，可以给他一些奖励。

5~10分钟

不要！不要！！

5. 如果家长正在对宝宝进行如厕训练，但过程不顺利、宝宝拒绝，可以暂停一段时间，避免增加宝宝的精神压力。

摸摸头你真棒！

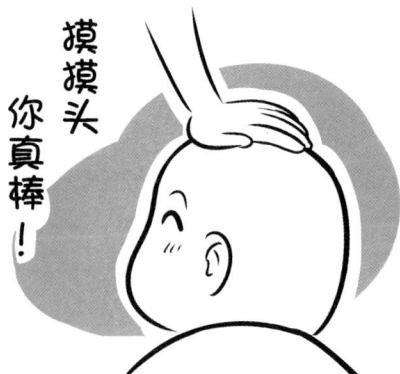

6. 对宝宝进行心理疏导，多沟通、多鼓励、多表扬，不打骂、不指责。

对于便秘导致的腹痛，偶尔可以使用开塞露帮助宝宝排便，也可以在医生的指导下尝试使用乳果糖改善便秘。如果宝宝的便秘反复发作、便中带血、小于 4 月龄或排便时伴有严重疼痛，家长要带宝宝及时就医，医生会根据具体情况做相关检查后再给予治疗。

小贴士

如果鲜血与大便混合，很可能预示小肠或者直肠受损、感染以及过敏。

如果鲜血与大便分离，很可能是肛裂所致。宝宝出现肛裂，需要保持裂口周围的清洁，每次大便结束，应该用温水冲洗肛门，之后用清洁、柔软的毛巾蘸干肛门部位的皮肤，待皮肤完全干燥后涂抹护臀霜。

撰稿及审核专家

钟雪梅

　　首都儿科研究所消化内科主任，主任医师，副教授，硕士研究生导师。中华医学会医疗鉴定专家库成员、中国妇幼保健协会小儿消化微创学组副主任委员。

面对宝宝腹泻，应该如何应对

和便秘一样让家长闹心的，无疑是腹泻了。这不，豆妈这几天就满脸愁云……

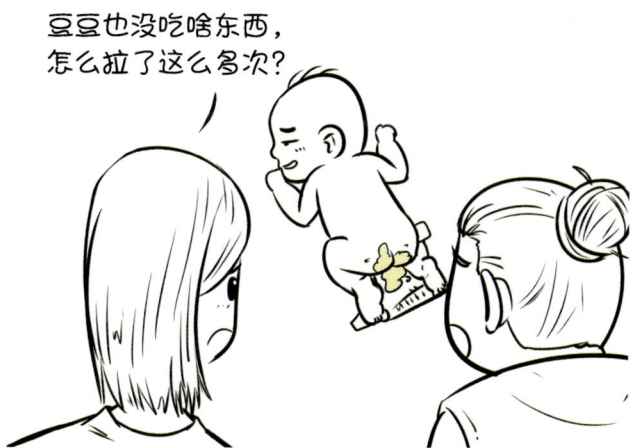

腹泻虽说是常见病，但处理不当，对宝宝身体带来的伤害依然不容忽视。

腹泻，俗称"拉肚子"，是儿童常见病。喂养不当，天气忽冷忽热，病毒、细菌感染等，都会让宝宝"中招"。

◎ 如何判断宝宝是否腹泻

家长可以通过宝宝排便的次数和便便的性状进行辨别。

次数　排便次数是否较往常增加。

性状　便便的性状是否异常，如呈糊状、水样、"蛋花汤"样。

大便异常

◎ 腹泻的分类

通常，依据持续时间，腹泻可分为 3 类。腹泻持续时间在 2 周以内，属于急性腹泻；腹泻持续时间在 2 周至 2 个月，属于迁延性腹泻；腹泻持续时间在 2 个月以上，属于慢性腹泻。

急性腹泻　迁延性腹泻　慢性腹泻

2周　　　　　　　2个月

◎ 宝宝腹泻，是否需要立即就医

家长应学会判断腹泻的严重程度，看看宝宝有没有呼吸困难、不吃不喝、精神萎靡、尿量明显减少、脱水等表现。其中，脱水是判断腹泻严重程度的重要指标。如果宝宝在腹泻的同时伴有发热、恶心、呕吐、腹胀、腹痛等表现，则需要立即就医。

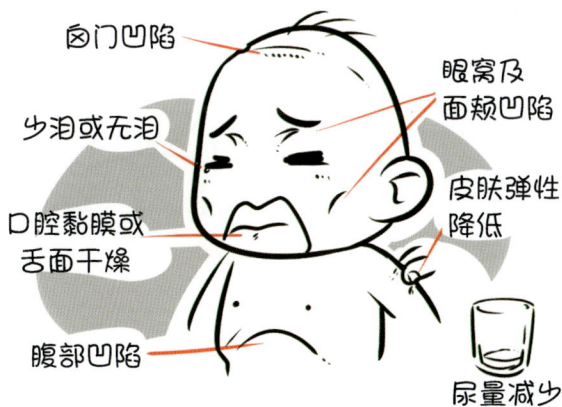

囟门凹陷

眼窝及面颊凹陷

少泪或无泪

皮肤弹性降低

口腔黏膜或舌面干燥

腹部凹陷

尿量减少

◎ 引起腹泻的原因有哪些

感染性因素　由病毒、细菌、真菌和寄生虫感染引起。其中，病毒感染是腹泻最常见的病因，如诺如病毒和轮状病毒感染。

嗯呐！是我干的，怎么了？

诺如病毒

非感染性因素　由乳糖不耐受、症状性、食饵性、免疫功能缺陷、食物中毒、药物不良反应、食物过敏等引起。

本宝宝乳糖不耐受啊

◎ 腹泻应该如何治疗

大多数情况下，如因着凉、喂养不当、季节变化、某些肠道病毒感染等导致的腹泻，能够通过自身调节最终痊愈。

家里可以常备口服补液盐、蒙脱石散。目前常用的是口服补液盐Ⅲ，用法是 1 包粉末兑 250mL 温水。蒙脱石散需要空腹口服，用法是 1 袋兑 50mL 温水。具体用量请遵医嘱。

有些家长觉得宝宝脱水了才能喝口服补液盐，其实不是这样的，在宝宝未出现脱水症状前就应该积极喝口服补液盐，以此来预防脱水。

小贴士

口服补液盐Ⅲ的调配方法　1包粉末兑250mL温水。冲调时一定要把整包粉末全部倒入容器中，再加上250mL温水一起摇匀，这样才能得到正确配比的口服补液盐溶液。

口服补液盐Ⅲ的服用方法　应该一次性配好，分次适量饮用，不给宝宝的胃肠道增加额外负担。服用口服补液盐的量应该遵循"出入平衡"的原则，保证喝进去的量（口服补液盐、奶、饮水等加起来的液体总和）大于或等于排出的量（大便量以及小便量）。

此外，家长还可以为宝宝补充益生菌、肠黏膜保护剂。必要时可以给予补锌和抗分泌治疗。

◎ **宝宝腹泻，在饮食上应该注意什么**

小于 6 月龄的宝宝，如果正在接受母乳喂养，建议继续母乳喂养，不要断。

奶粉喂养的宝宝不要使用稀释的奶粉,腹泻超过 1 周可能出现继发性乳糖不耐受,表现为宝宝腹胀、排气增多,大便有泡沫或酸臭等,需要更换无乳糖配方奶粉或添加乳糖酶。特殊情况下,家长可能需要遵从医生的指导为宝宝更换特殊配方奶粉。

腹泻期间不应禁食,疾病早期呕吐剧烈时可短期禁食。

豆是宝,饭是钢,
一顿不吃爹娘慌!

腹泻治疗的"十六字方针"

预	防	脱	水
纠	正	脱	水
继	续	喂	养
合	理	用	药

继续喂养能加快宝宝肠道功能恢复速度，限制饮食或者给予稀释食物喂养将减慢肠道功能恢复速度，减轻体重，延长腹泻病程。

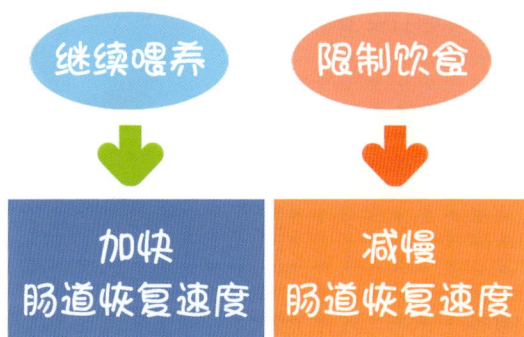

如果宝宝出现下列任何一种症状，家长都需要立即带宝宝就医。

1	腹泻剧烈，排便次数多或腹泻量大。
2	频繁呕吐、无法口服给药。
3	发热（小于3个月的宝宝体温>38℃，3~36个月的宝宝体温>39℃）。
4	明显口渴，存在脱水体征。
5	便血。
6	<6月龄、早产儿、有慢性病史或并发症。

撰稿及审核专家

钟雪梅

　　首都儿科研究所消化内科主任，主任医师，副教授，硕士研究生导师。中华医学会医疗鉴定专家库成员、中国妇幼保健协会小儿消化微创学组副主任委员。

随着饮食、环境等因素变化，很多宝宝会出现过敏，其症状表现多种多样。豆豆最近也"中招"了……

为什么受伤的总是我的宝

湿疹

挠挠

挠挠

◎ 宝宝过敏是怎么回事儿

过敏是一种严重危害儿童健康的慢性病。它的发生、发展过程有一定规律性，如婴儿出生后2～3个月内就可以出现湿疹、食物过敏。

2~3个月

奶

随着年龄的增长，食物过敏和湿疹可逐步改善，但开始对一些吸入性过敏原敏感，引发支气管哮喘、过敏性鼻炎等疾病，这一过程被称为"过敏进程"。

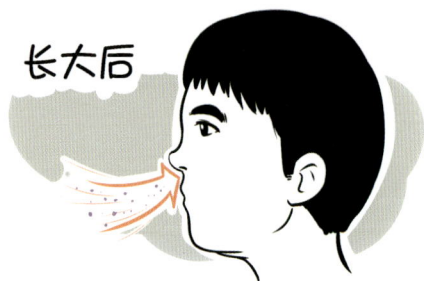

长大后

◎ 为什么宝宝会发生过敏性疾病

遗传因素 双亲有过敏史是婴儿患过敏性疾病的高危因素。父母一方有过敏史的婴儿发病风险为 20% ~ 40%；父母双方均有过敏史，其发病风险则上升到 50% ~ 70%。

家族 遗传

环境因素　世界上各种各样的物质，都可能成为过敏性疾病的"导火索"（过敏原），如尘螨、动物的毛发和皮屑、霉菌、花粉。此外，工业污染物和精神压力等也会诱发过敏性疾病。

最近压力有点儿大，脱发严重啊！

动物毛发

尘螨

最近负面消息有点儿多，我"掉粉"也严重啊！

霉菌

花粉

馒头

其他因素　使用抗生素、剖宫产娩出、免疫系统发育不成熟、肠道屏障功能发育不完善等都可能引起婴幼儿过敏。

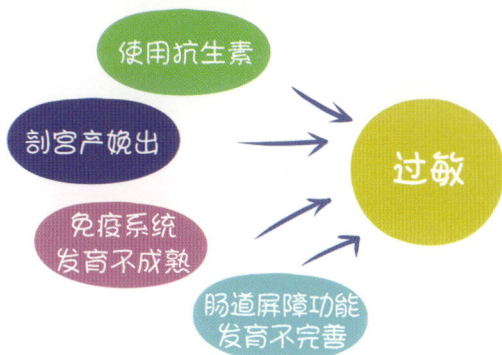

使用抗生素

剖宫产娩出

免疫系统发育不成熟

肠道屏障功能发育不完善

过敏

◎ 宝宝过敏的症状有哪些

	皮肤：湿疹、荨麻疹、瘙痒。
	肺：喘息、咳嗽、胸闷、呼吸困难。
	鼻：打喷嚏、流鼻涕、鼻痒、鼻塞。
	眼：眼痒、结膜充血、流泪。
	胃肠道：呕吐、腹痛、腹泻、便秘。

如果宝宝存在下列情形，家长应高度警惕过敏性疾病。

①有过敏性疾病家族史。

②小时候即有特应性皮炎，以后罹患其他过敏性疾病的机会将大幅增加。

③每次感冒都会出现喘鸣。

④慢性咳嗽，尤其在半夜、清晨或活动后症状明显。

⑤清晨起床后常会连续打喷嚏，觉得喉咙有痰。

⑥时常觉得鼻子痒、鼻塞、眼睛痒，特别是在整理物品、衣物时。

⑦运动或吸入寒冷空气后咳嗽。

⑧固定的皮肤痒疹，冬天或夏天出汗时明显。

◎ 怎么做可以预防宝宝过敏

纯母乳喂养　纯母乳喂养可以减少过敏性疾病的发生，建议纯母乳喂养至少 6 个月。

辅食添加　不应随意限制过敏宝宝的饮食种类，需要在他 4~6 个月时及时、少量尝试添加辅食，以促进免疫耐受。

辅食添加的原则是除已明确过敏的食物外，其他辅食引入时间与正常婴儿一致（4~6 月龄）；每次只添加一种新辅食，观察 5~7 天，在确定对该辅食不过敏后再添加下一种。

新辅食的引入应尽量安排在早餐，以便家长观察。辅食添加应由少到多、由稀到稠、由细到粗，循序渐进。在添加辅食的过程中如宝宝出现过敏症状，应及时就医。

由少到多

由细到粗

居住环境　家长应注意宝宝居住环境的清洁卫生，室内定时通风；避免使用地毯以减少尘螨、霉菌等的暴露；将室内湿度调整到适宜范围，避免霉菌滋生。在日常生活中，应尽量防止宝宝被动吸烟。

通风

拒绝二手烟

地毯

家长应尽可能地明确宝宝的过敏原并加以规避，长期暴露于过敏原，尤其是大量暴露后，可导致患儿过敏，从而引起气道过敏性疾病，如支气管哮喘、过敏性鼻炎。

规避过敏原

不滥用药物　宝宝早期使用抗生素，可能增加过敏性疾病的发生风险，故家长应在医生的指导下给宝宝使用药物。

抗生素

撰稿及审核专家

刘传合

首都儿科研究所变态反应科主任，儿童哮喘防治中心与肺功能室主任，主任医师，博士研究生导师。中华医学会呼吸病学分会呼吸治疗与肺功能学组委员，中华医学会儿科学分会呼吸学组儿童肺功能协作组组长。

面对宝宝突发异物窒息，应该如何应对

随着豆豆一天天长大，性格变得越来越活泼，对周围一切事物充满了好奇心，什么都想抓，什么都想塞到嘴里。

用嘴探索这个世界是每个宝宝成长的必经之路，但同时也伴有误食异物的危险。

◎ 常见的误食异物有哪些

　　1~3岁小朋友的好奇心非常强，喜欢探索一些新奇事物，但是他们却不知道危险是什么，也不懂得如何保护自己。

　　通常，在看到一些五颜六色的小物品或者好吃的食品时，他们就会蠢蠢欲动，迫不及待地将它们放进嘴里。

但是这些对于他们是非常危险的！如果把这些容易误食的异物放到嘴里，然后再跑闹、哭笑，有可能使异物呛到气管中，导致突然的呼吸困难、不能发声、嘴唇发紫等。

小贴士

容易引起误吸的异物包括果冻、花生、瓜子、玉米粒、豆类、鱼刺、骨头、糖块、小玩具、硬币、小纽扣。

◎ 发生异物窒息应该怎么办

当宝宝出现异物呛入气管的情况时，家长千万不要慌张，此时最关键的是要现场快速将异物排出！海姆立克急救法是每个家长都应该学会的急救技能。

1 岁以内的婴儿 家长取坐位，让宝宝面部向下骑跨在家长前臂，保证宝宝处于头低脚高的位置。家长先在宝宝后背肩胛骨之间用力向下冲击性地拍 5 下。

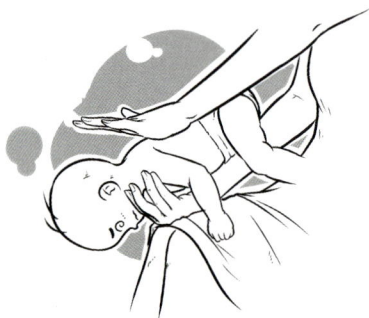

如果异物没有被冲出，可将宝宝翻过来，在宝宝心脏位置（双乳头连线中点，在胸骨中央部位）用力按压 5 次，每秒 1 次，按压深度为 4cm。

如果异物仍然没有被冲出，则家长应重复以上步骤，最多重复 5 次。

1 岁以上的幼儿 家长双手环抱宝宝，一手握拳，虎口贴在宝宝剑突下（肚脐之上的腹部中央），另一只手握住该手手腕。家长突然用力收紧双臂，使握拳手的虎口向宝宝腹部内上方猛烈回收。

如果异物没有被冲出，家长应立即放松手臂，重复以上动作，直到异物被冲出。

家长不应对自己的急救技能过于自信，在施救的同时，应呼叫其他人拨打 120 急救电话。如果身边无人，可以打开手机免提功能，边急救边呼救。

若上述方法无效或情况紧急，应将宝宝紧急送往医院，医生会根据病情施行气管镜钳取术或气管切开术。

小贴士

由于儿童，特别是婴幼儿的脏器没有完全发育成熟，在实施海姆立克急救法时，特别是在施行腹部冲击法后，有可能出现脏器损伤甚至出血。因此，建议在实施海姆立克急救法后，家长一定要第一时间带宝宝去医院进行进一步检查。

◎ 如何预防异物窒息

积极预防、有效监护比急救更有意义，这种意外事件是完全可以预防的，爸爸妈妈要教育宝宝养成良好的习惯，不随意捡拾物品放入口中。同时，在宝宝进食时，其他人要保持安静，不要逗宝宝笑或者和他打闹，以防食物呛入气管。

食不言 寝不语

如果发现宝宝口内含物时，要婉言劝说把它吐出来，不要用手指强行挖取，以免引起宝宝哭闹而使异物吸入气管内。

呜噜噜……

最主要的是，家长一定要担负起监护之责，不能给婴幼儿喂食果冻、坚果、糖果等块状食物，要将诸如硬币、可以塞进嘴里的玩具、玩具上的小饰品、玻璃珠等物品放在婴幼儿拿不到的地方。

即便是大一些的儿童，也一定要在家长监护下进食。不要在哭闹、嬉笑、跑跳时给宝宝喂食。

医学科普漫画 跟着医生学育儿

撰稿专家

余良萌

　　首都儿科研究所重症医学科主治医师。北京重症超声研究会会员。

审核专家

曲　东

　　首都儿科研究所重症医学科首席专家，主任医师，副教授，硕士研究生导师。中华医学会儿科学分会急救学组重症感染协作组委员、中国医师协会儿童重症医师分会常务委员。

如何为宝宝科学补充营养

　　豆妈生怕豆豆吃不饱、营养不够，于是疯狂地给他"投喂"，总认为吃得越多，养得越胖，身体才能越棒。然而，真实的情况是这种关心很可能成为宝宝"甜蜜的负担"。

妈妈的"小飞棍"又来了！

　　当宝宝处于快速生长发育时期，需要较多的营养物质支持，但是如果吃得过多，摄入的能量和营养物质超过自身消耗，就会造成营养过剩，反而不利于宝宝健康成长。

◎ 吃得太多对宝宝的健康有哪些负面影响

蛋白质过量 婴幼儿身体器官发育还不成熟，无法承担过多的营养物质代谢任务。如果长期摄入过多蛋白质，无法被身体吸收的剩余蛋白质就会转化为脂肪，使宝宝出现肥胖症状。

此外，这些剩余蛋白质还会因无法排出体外而破坏宝宝的消化功能，导致宝宝出现发热、呕吐、腹泻等现象。

啊？怎么又吐了！？

脂肪过量 如果宝宝摄入过多脂肪，堆积在体内，可加重心脏、肝脏等内脏负担。肥胖儿童将来在成人期患高血压、高脂血症、糖尿病的风险将大幅增加。

微量营养素缺乏　吃得多的宝宝通常是能量或者产能的营养素摄入过多，如碳水化合物和脂肪摄入过多，而含膳食纤维、维生素和矿物质的食物摄入相对过少。

所以，如果婴幼儿长期吃得多又挑食，会使体内某些营养物质不足而另一些营养物质过剩，导致营养不均衡，出现营养不良。

加重消化系统负担，导致消化不良　婴幼儿的消化系统发育尚不成熟，胃酸和消化酶分泌量少，酶活性较低，摄入过多食物会加重消化系统负担，影响消化吸收。

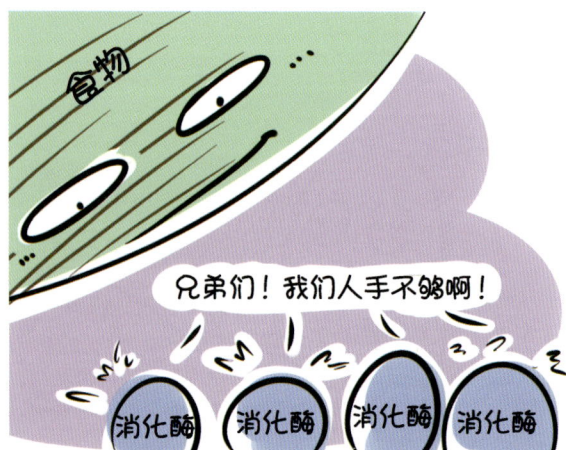

宝宝出现腹胀、打嗝、肚子咕噜咕噜叫、放屁多、口臭、大便酸臭等症状，往往与消化不良有关，长期消化不良还会出现呕吐、排便困难、便秘或腹泻等症状。

影响睡眠　俗话说"胃不和则卧不安"。一般来说，母乳的胃排空时间是 2 ~ 3 小时，牛奶的胃排空时间是 3 ~ 4 小时，所以喝奶也要有规律！

有的妈妈担心宝宝饿了，一醒就喂，宝宝夜奶吃个不停，导致腹胀、睡觉不踏实、容易惊醒。长期睡眠不足会影响宝宝的健康。

豆宝醒了，一定是饿了！

◎ 如何才能"吃得对"

粗细粮要均衡　保证宝宝每天摄入适量的五谷杂粮，这样做不仅有利于宝宝的生长发育，更为成年后的饮食习惯和身体健康打下良好基础。

谷

食物种类要丰富 宝宝辅食要多样化，不偏不废。

可食用植物性食物	可食用动物性食物
谷类、豆类、薯类、真菌类、藻类、水果类、蔬菜类	肉类、蛋类、奶类、禽类、鱼类和甲壳类

五味要平衡 甘、酸、苦、辛、咸，五味皆尝，相辅相成。偏于某个口味，对健康不利。切勿过早让宝宝吃成人的饭菜，以免口味过重，摄入过多油和盐将加重宝宝肾脏负担，引发疾病。

我要尝遍世间百味！

冷热要适度 古代有一句话叫"热食伤骨，冷食伤肺，热无灼唇，冷无冰齿"，就是说食物温度要适中，热不烫嘴，冷不凉牙，以免伤害宝宝娇嫩的口腔、食管黏膜。

烫！

噗！

×

饥饱要有度 不要让宝宝饥饿，也不要让宝宝吃得过饱，鼓励宝宝自己感受饥饱。养成规律进食的好习惯，三餐之间可以适当添加健康零食。

饭吃七分饱

×

快慢要适宜 不论吃什么食物，都要提醒宝宝多嚼嚼再咽下去。狼吞虎咽会伤害宝宝娇嫩的消化道，细嚼慢咽更利于营养吸收。

撰稿及审核专家

王晓燕

首都儿科研究所临床营养中心主任，主任医师。中华医学会儿科学分会儿童保健学组委员、北京市健康科普专家。

附录 宝宝的家庭 小药箱

◎ 解热镇痛药

对乙酰氨基酚适用于 2 月龄以上的宝宝，布洛芬适用于 6 月龄以上的宝宝，两者选一种备用即可。

◎ 祛痰药和镇咳药

感冒时常伴有咳嗽，如果是有痰的咳嗽，适合使用祛痰药，如果是无痰干咳，适合使用镇咳药。二者均应严格控制药物剂量，在医生和药师的指导下使用。

◎ 口服补液盐

口服补液盐可有效补充水分和电解质，预防腹泻脱水。使用时可按说明书比例配制，少量多次服用，切勿直接口服或加牛奶、糖、果汁调配等。

◎ 止泻药

蒙脱石散可治疗腹泻，建议空腹服用，按说明书比例配温水。使用时应严格控制剂量,过量可能引起便秘。

◎ 泻药

开塞露可用于临时缓解儿童便秘,具有润滑、软化大便的作用。儿童便秘建议以调整饮食和增加运动为主,避免频繁使用开塞露。

乳果糖可用于缓解便秘,宜清晨空腹服用,应在医生的指导下使用。

◎ 抗变态反应药

家有易过敏儿童,家长可常备西替利嗪或氯雷他定,宜选儿童剂型,二者选一种备用即可。

◎ 生理盐水喷鼻剂

儿童鼻塞时,可以使用生理盐水喷鼻剂帮助清洁鼻腔,缓解鼻塞症状。使用时要注意剂量和使用频次,避免过度依赖。

◎ 调节肠道菌群药

益生菌可调节肠道菌群,缓解腹泻或便秘,具有双向调节作用,可分为分活菌和灭活菌两类。活菌需要冷藏,用 40℃以下温水冲服,与抗菌药间隔 1～2 小时;灭活菌可常温保存,可与抗菌药同服,部分可加奶或果汁同服。虽然益生菌可以促进肠道健康,但不建议长期服用。

◎ 外用药

碘伏：用于小伤口消毒，可预防感染、保持伤口清洁。

炉甘石洗剂：具清热、解毒、收敛、止痒的功效，适用于皮肤瘙痒、皮炎及蚊虫叮咬等情况。使用前需要摇匀，用棉签蘸取适量洗剂轻擦患处。

莫匹罗星：为外用抗生素，适用于轻度皮肤损伤、脓疱及湿疹继发感染等情况，薄涂一层于患处。

云南白药气雾剂：适用于轻度软组织损伤及小创伤急性期，摇匀后喷涂于疼痛部位并轻按以帮助吸收，禁用于开放性伤口或破损皮肤。

◎ 其他

创口贴：适用于轻微的割伤或擦伤，以及较小、较浅、出血少的伤口，可帮助保护伤口并预防感染。

医用纱布、医用胶带、医用绷带：深度、大伤口或有异物的伤口需要前往医院清创缝合。在家中换药时可用透气、弹性好的医用纱布和医用胶带包扎；医用绷带可用于固定伤口或支撑伤处。

医用棉签：比普通棉签更为安全、卫生，可在处理小伤口时使用。

体温计：常用的有水银体温计、电子体温计和红外线体温计。

撰稿专家

刘 芳

首都儿科研究所药学部主管药师。中国医药新闻信息协会儿童安全用药分会委员、北京整合医学学会数智化药学管理与服务分会委员。

审核专家

张建民

首都儿科研究所药学部主任，GCP 办公室主任，主任药师。国家卫生健康委能力建设和继续教育儿科学专家委员会药学学组委员、中国医药新闻信息协会儿童安全用药分会副会长。